犀照·意解心开

关于作者

刘华杰，东北人，北京大学哲学系教授，研究方向为科学哲学、科学思想史。国家社科基金重大项目首席专家，博物学文化倡导者，植物爱好者。主要作品有《浑沌语义与哲学》《分形艺术》《殿里供的并非都是佛》《中国类科学》《看得见的风景》《天涯芳草》《檀岛花事》《博物人生》《博物自在》等。作品两次入选国家新闻出版广电总局评选的“大众喜爱的50种图书”。

关于本书

河北张家口崇礼区原名西湾子，是“张库古商大道”必经之地，也是汉蒙回满及西方文化的交汇之地。这里有“草原天路”和多家优质的滑雪场，因2022年冬季奥运会的部分冰雪项目将在这里举行，崇礼成为了北京附近的热点旅游目的地，甚至闻名全国。博物学家刘华杰教授先后十余次专程考察崇礼，拍摄了大量精美照片，为旅游度假、亲近大自然的读者编写了崇礼野花图册。书中收录崇礼地区百余种特色的草本植物，有助于人们更好地认识和感受崇礼之美，也算是迎接奥运的一份独特礼物。

崇禮野花

刘华杰 著

中国科学技术出版社

· 北京 ·

图书在版编目(CIP)数据

崇礼野花 / 刘华杰著 . – 北京：中国科学技术出版社，2016.8
ISBN 978-7-5046-7218-6
Ⅰ.①崇… Ⅱ.①刘… Ⅲ.①野生植物–花卉–崇礼县–图谱
Ⅳ.① Q949.408-64
中国版本图书馆 CIP 数据核字 (2016) 第 196006 号

策划编辑　杨虚杰
责任编辑　王卫英
装帧创意　林海波　马术明
设计制作　犀烛书局
封面制图　李聪颖
责任校对　刘洪岩
责任印制　马宇晨

出版发行　中国科学技术出版社发行部
地　　址　北京市海淀区中关村南大街 16 号
邮　　编　100081
发行电话　010-62173865
传　　真　010-62179148
投稿电话　010-62103136
网　　址　http://www.cspbooks.com.cn

开　　本　787mm×1092mm 1/16
字　　数　60 千字
印　　张　18
版　　次　2016 年 8 月第 1 版
印　　次　2016 年 8 月第 1 次印刷
印　　刷　北京利丰雅高长城印刷有限公司

书　　号　ISBN 978-7-5046-7218-6/Q·197
定　　价　68.00 元

河北张家口崇礼

18 世纪的天主教教友村西湾子

汉蒙回满及西方文化交汇

张库古商大道

2022 年冬季奥运会

滑雪胜地

草原天路

野花绽放

本图是以崇礼（西湾子）命名的冀北翠雀花（*Delphinium siwanense*），说明见本书269页。

目录

写在前面 */ 2*

崇礼，有许多游乐的事儿，比如，冬滑雪，夏观花。

实际上可一季滑雪，三季观花。

·崇礼春夏秋冬

·白桦的四季

·崇礼滑雪场

·怎样到达崇礼

·崇礼附近的好去处

崇礼美，花草更美。

山岭，野地，

争奇斗艳，清香怡人。

来崇礼，一定要看野花。

穿越的教堂，厚重的历史。

清新的小镇，漂亮的雪场。

草原天路，野花烂漫……

人人都有自己的崇礼图像。

2016年8月8日在崇礼狮子沟拍摄的草坡。此时开花的主要有两种植物：翠菊和岩青兰。

写在前面

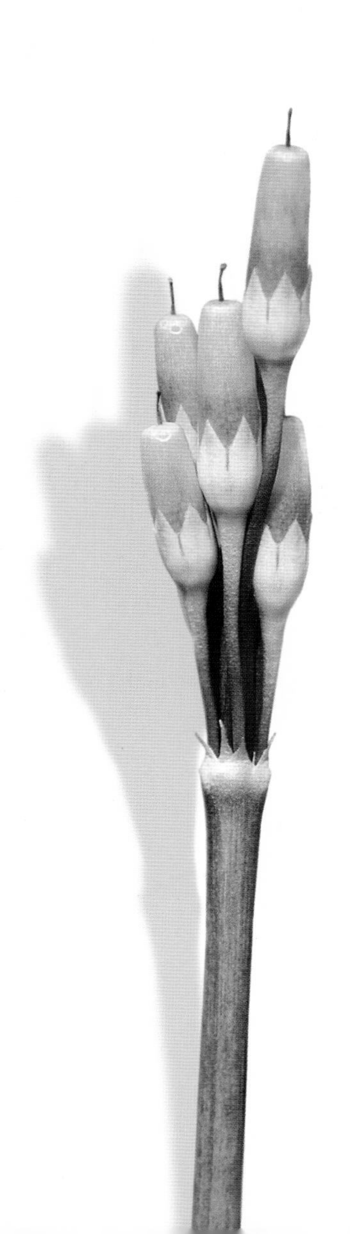

崇礼，位于北京之北，行政区划属河北省张家口市。

2022年冬季奥运会部分冰雪项目将在这里举办。

在人们的印象中，来崇礼，就是滑雪。没错，这里有多家相当棒的雪场，交通、食宿也十分方便。近年来，崇礼小城发展迅速，已成为首都北京周边著名的旅游目的地。崇礼县城位于张家口东部的一条不算很宽的山谷中，当年此地叫西湾子，法国著名博物学家谭卫道（大卫神父）曾到这里考察。崇礼，听起来很古朴，实际上1936年才有崇礼县名，2016年成为张家口市的一个区。

崇礼，有许多游乐的事儿，比如，冬滑雪，夏观花。

实际上可一季滑雪，三季观花。崇礼植被丰富，山地以白桦、山杨、华北落叶松林木为主，林缘草本植物多种多样。春、夏、秋三季都有美丽的野花绽放。花儿为自己开放；如果你喜欢它们，它们也为你盛开！

在冬奥会成功申办的带动下，从2015年开始，河北崇礼（多处）、赤城（新雪国工地）以及北京延庆（闫家坪）均大兴土木。崇礼的许多山岭、沟谷布满重型机械，桦树林、草地等不同程度地遭到破坏；一些小山沟（如葫芦窝铺东北的几条沟）也被违法倾倒了大量垃圾。但愿这是暂时现象，也盼望有关部门统筹规划，加强管理，为了美丽的崇礼，为了美丽的崇礼的明天，要尊重大自然，保护好祖先的遗产，慎重开发。

草本威灵仙小苗

“草原天路”：夏季百花开放，沿公路行走就可欣赏各种野花（上）。
花楸果实成熟（下）。

夏

秋

冬日的山杨

冬

白桦的四季

春

夏

秋冬

崇礼滑雪场

崇礼太舞滑雪场

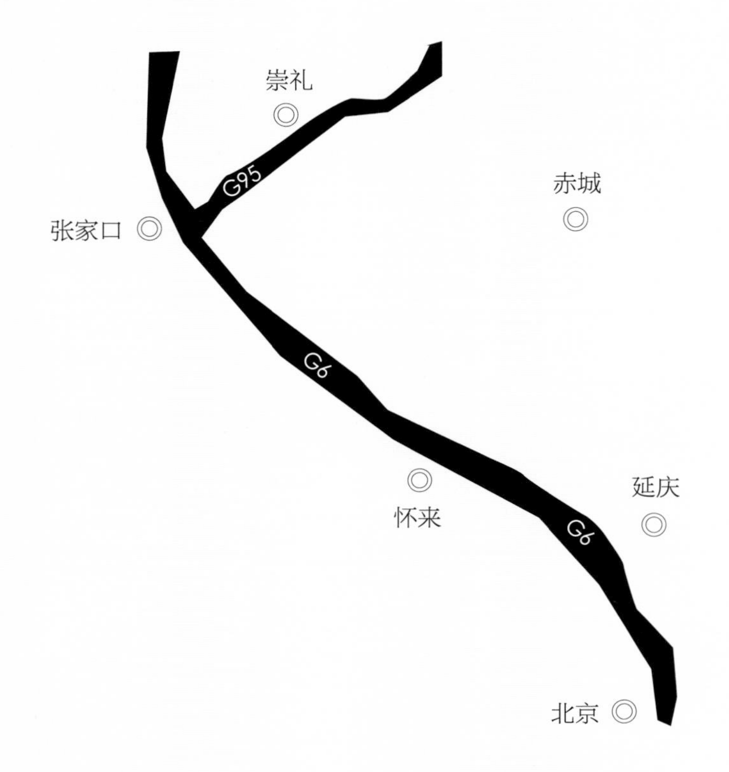

怎样到达崇礼

由北京向北，经京藏高速（G6）转张承高速（G95）可到达崇礼；也可由河北赤城通过普通公路到达。从北京北五环上清桥至张家口崇礼区，全程208千米。

崇礼附近的好去处

崇礼区城里有西湾子天主堂。附近还有三条近乎东西向的大沟，由南向北分别是头道营（X410县道，通太舞滑雪小镇和云顶丽苑）、小夹道沟（通万龙滑雪场和双龙酒店）、大夹道沟（通长城岭滑雪场、和平村，还有翠云山森林度假景区）。北部有草原天路（X001县道，从桦树岭到野狐岭）。东北部有赤城温泉、赤城金阁山风景区、冰山梁风景区和黑龙山国家森林公园。北部有沽源五花草甸。沽源向东过大滩，在丰宁境内有千松坝国家森林公园。

赤城冰山梁景区的花岗岩，水平节理比较发育。

这些美丽的植物，

是像我们一样的生灵。

所有的人种加在一起，不过一个物种，

而瞿麦、矮鸢尾、高山紫苑都可独立算作一个物种！

花草没了，我们的生活也便缺了色彩，

万物共生，世界才永续；

伤害它们，

就等于伤害我们自己。

对于野花，喜欢就仔细观赏，
为了明天、明年还能看到它们，请不要采挖。
在它们所属的野地、山岭，
它们自在生存，灿烂芬芳。
移到别处，弄到花园，
虽可勉强存活，甚至开花，
但决不会如此美丽。
尊重草木，手下留情！

大地上的罪行，怎么可以原谅？
我参与了其中的很多，另一些我躲在一旁围观。
有些我认为很美，让它们得以出版。

——节选自巴西诗人卡洛斯·德鲁蒙德·德·安德拉德（1902～1987）
的《花与恶心》

崇礼百草图谱

二色补血草（*Limonium bicolor*）

白花丹科

二色补血草（*Limonium bicolor*）。“草原天路”上很多村民或牧民廉价出售由它做成的花环，低者干脆五元一束。植株还未结种、散播，就被采收，将无法传宗接代。如此下去，用不了几年，二色补血草就会在这一带绝迹。希望游客不要购买花环，喜欢就到野地里尽情地看，尽情地拍。

二色补血草（*Limonium bicolor*）

白花丹科

山丹（*Lilium pumilum*）

百合科

有斑百合（*Lilium concolor* var. *pulchellum*）

洼瓣花（*Lloydia serotina*）

百合科

洼瓣花（*Lloydia serotina*）

百合科

北黄花菜（*Hemerocallis lilioasphodelus*）

百合科

北黄花菜（*Hemerocallis lilioasphodelus*）

北重楼（*Paris verticillata*）

百合科

山韭（*Allium senescens*）

山韭（*Allium senescens*）

百合科

缬草（*Valeriana officinalis*）

败酱科

缬草（*Valeriana officinalis*）

缬草（*Valeriana officinalis*）

败酱科

缬草（*Valeriana officinalis*）

缬草（*Valeriana officinalis*）

败酱科

岩败酱（*Patrinia rupestris*）

败酱科

岩败酱（*Patrinia rupestris*）

岩败酱（*Patrinia rupestris*）

败酱科

败酱（*Patrinia scabiosaefolia*），也叫黄花龙牙、黄花败酱。

败酱科

败酱（*Patrinia scabiosaefolia*）

败酱科

败酱（*Patrinia scabiosaefolia*）

箭报春（*Primula fistulosa*）

箭报春（*Primula fistulosa*），箭报春和胭脂花（上右）同时出现在塞北滑雪场。

箭报春（*Primula fistulosa*）

报春花科

胭脂花（*Primula maximowiczii*），在别的地方想看到这种美丽的植物，可能需要爬高山，但在崇礼却不用。去往塞北多乐美地滑雪场的马路（X410）边上就有大片分布。

报春花科

胭脂花（*Primula maximowiczii*）

胭脂花（*Primula maximowiczii*）

胭脂花（*Primula maximowiczii*）

河北假报春（*Cortusa matthioli* subsp. *pekinensis*），也叫北京假报春。

河北假报春（*Cortusa matthioli* subsp. *pekinensis*）

北点地梅（*Androsace septentrionalis*）

报春花科

北点地梅（*Androsace septentrionalis*）

华北蓝盆花（*Scabiosa tschiliensis*）

川续断科

华北蓝盆花（*Scabiosa tschiliensis*）

毛建草（*Dracocephalum rupestre*），也叫岩青兰。

毛建草（*Dracocephalum rupestre*）

白苞筋骨草（*Ajuga lupulina*）

白苞筋骨草（*Ajuga lupulina*）

康藏荆芥（*Nepeta prattii*）

康藏荆芥（*Nepeta prattii*）

裂叶荆芥（*Nepeta tenuifolia*），学名按FOC（《中国植物志》英文版）。

唇形科

裂叶荆芥（*Nepeta tenuifolia*）

百里香（*Thymus mongolicus*）

唇形科

百里香（*Thymus mongolicus*）

百里香（*Thymus mongolicus*）

唇形科

并头黄芩（*Scutellaria scordifolia*）

并头黄芩（*Scutellaria scordifolia*）

唇形科

黄芩（*Scutellaria baicalensis*）

毛序棘豆（*Oxytropis trichophora*）

豆科

毛序棘豆（*Oxytropis trichophora*）

蓝花棘豆（*Oxytropis coerulea*）

蓝花棘豆（*Oxytropis coerulea*）

豆科

多叶棘豆（*Oxytropis myriophylla*）

宽苞棘豆（*Oxytropis latibracteata*）

宽苞棘豆（*Oxytropis latibracteata*）

宽苞棘豆（*Oxytropis latibracteata*）

野火球（*Trifolium lupinaster*）

豆科

歪头菜（*Vicia unijuga*）

东方野豌豆（*Vicia japonica*）

豆科

广布野豌豆（*Vicia cracca*）

豆科

高山野决明（*Thermopsis alpine*），也叫高山黄华。

豆科

山岩黄耆（*Hedysarum alpinum*）

草珠黄耆（*Astragalus capillipes*）

蒙古黄耆（*Astragalus penduliflorus* subsp. *mongholicus* var. *dahuricus*）

豆科

蒙古黄耆（*Astragalus penduliflorus* subsp. *mongholicus* var. *dahuricus*）

豆科

花葱（*Polemonium coeruleum*）

花葱科

花荵（*Polemonium coeruleum*）

花荵科

花荵（*Polemonium coeruleum*）

花荵科

五台金腰（*Chrysosplenium serreanum*）

虎耳草科

五台金腰（*Chrysosplenium serreanum*）

五台金腰（*Chrysosplenium serreanum*）

刺果茶藨子（*Ribes burejense*）

紫斑风铃草（*Campanula puncatata*）

桔梗科

紫斑风铃草（*Campanula puncatata*）

桔梗科

紫斑风铃草（*Campanula puncatata*）

石沙参（*Adenophora polyantha*）

紫菀（*Aster tataricus*）

紫菀（*Aster tataricus*）

菊科

104

紫菀（*Aster tataricus*）

菊科

高山紫菀（*Aster alpinus*）

菊科

高山紫菀（*Aster alpinus*）

菊科

蓝刺头（*Echinops sphaerocephalus*）

蓝刺头（*Echinops sphaerocephalus*）

漏芦（*Stemmacantha uniflora*），也叫祁州漏芦。

漏芦（*Stemmacantha uniflora*）

菊科

漏芦（*Stemmacantha uniflora*）

菊科

紫苞风毛菊（*Saussurea purpurascens*）

紫苞风毛菊（*Saussurea purpurascens*）

紫苞风毛菊（*Saussurea purpurascens*）

小红菊（*Chrysanthemum chanetii*）

小红菊（*Chrysanthemum chanetii*）

全缘橐吾（*Ligularia mongolica*）

全缘橐吾（*Ligularia mongolica*）

全缘橐吾（*Ligularia mongolica*）

菊科

狭苞橐吾（*Ligularia intermedia*）

狭苞橐吾（*Ligularia intermedia*）

狭苞橐吾（*Ligularia intermedia*）

山尖子（*Parasenecio hastatus*）

山尖子（*Parasenecio hastatus*）

山尖子（*Parasenecio hastatus*）

狗舌草（*Tephroseris kirilowii*）

牛蒡（*Arctium lappa*）

菊科

牛蒡（*Arctium lappa*）

菊科

牛蒡（*Arctium lappa*）

菊科

高山蓍（*Achillea alpine*）

菊科

长叶火绒草（*Leontopodium longifolium*）

长叶火绒草（*Leontopodium longifolium*）

乳苣（*Mulgedium tataricum*）

乳苣（*Mulgedium tataricum*）

山牛蒡（*Synurus deltoids*）

菊科

山牛蒡（*Synurus deltoids*）

菊科

麻花头（*Klasea centauroides*），学名据FOC。

麻花头（*Klasea centauroides*）

麻花头（*Klasea centauroides*）

麻花头（*Klasea centauroides*）

菊科

兔儿伞（*Syneilesis aconitifolia*）

菊科

蝟菊（*Olgaea lomonosowii*）

菊科

蝟菊（*Olgaea lomonosowii*）

毛连菜（*Picris hieracioides*）

鸡腿堇菜（*Viola acuminata*）

裂叶堇菜（*Viola dissecta*）

双花堇菜（*Viola biflora*），也叫双花黄堇菜。

费菜（*Phedimus aizoon*）

小丛红景天（*Rhodiola dumulosa*）

红景天（*Rhodiola rosea*）

景天科

钝叶瓦松（*Orostachys malacophylla*）

钝叶瓦松（*Orostachys malacophylla*）

瓦松（*Orostachys fimbriatus*）

拳参（*Polygonum bistorta*）

蓼科

酸模（*Rumex acetosa*）

酸模（*Rumex acetosa*）

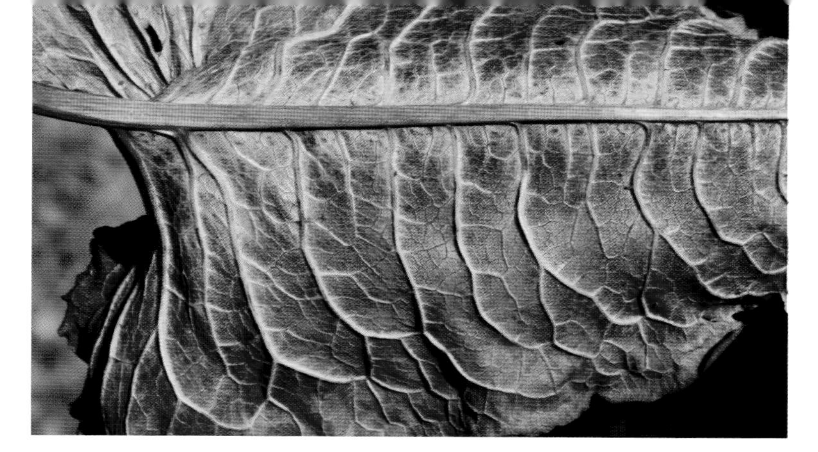

波叶大黄（*Rheum rhabarbarum*）

柳兰（*Chamerion angustifolium*）

柳兰（*Chamerion angustifolium*）

花锚（*Halenia corniculata*）

秦艽（*Gentiana macrophylla*）

达乌里秦艽（*Gentiana dahurica*）

鼠掌老鹳草（*Geranium sibiricum*）

草地老鹳草（*Geranium pratense*）

毛茛（*Ranunculus japonicus*）

毛茛科

高乌头（*Aconitum sinomontanum*）

高乌头（*Aconitum sinomontanum*）

高乌头（*Aconitum sinomontanum*）

高乌头（*Aconitum sinomontanum*）

牛扁（*Aconitum barbatum* var. *puberulum*）

牛扁（*Aconitum barbatum* var. *puberulum*）

小花草玉梅（*Anemone rivularis* var. *flore-minore*）

小花草玉梅（*Anemone rivularis* var. *flore-minore*）

长毛银莲花（*Anemone narcissiflora* subsp. *crinita*）

长毛银莲花（*Anemone narcissiflora* subsp. *crinita*）

长毛银莲花（*Anemone narcissiflora* subsp. *crinita*）

长毛银莲花（*Anemone narcissiflora* subsp. *crinita*）

长瓣铁线莲（*Clematis macropetala*）

长瓣铁线莲（*Clematis macropetala*）

唐松草（*Thalictrum aquilegifolium* var. *sibiricum*），子房有柄，果下垂有纵棱翼。

毛茛科

唐松草（*Thalictrum aquilegifolium* var. *sibiricum*）

唐松草（*Thalictrum aquilegifolium* var. *sibiricum*）

唐松草（*Thalictrum aquilegifolium* var. *sibiricum*）

毛茛科

瓣蕊唐松草（*Thalictrum petaloideum*），雄蕊瓣化。

华北耧斗菜（*Aquilegia yabeana*）

华北耧斗菜（*Aquilegia yabeana*）

毛茛科

紫花耧斗菜（*Aquilegia viridiflora* var. *atropurpurea*）

细叶白头翁（*Pulsatilla turczaninovii*）

毛茛科

金莲花（*Trollius chinensis*）

毛茛科

金莲花（*Trollius chinensis*）

毛茛科

翠雀（*Delphinium grandiflorum*）

地榆（*Sanguisorba officinalis*）

路边青（*Geum aleppicum*），也叫水杨梅。

野草莓（*Fragaria vesca*）

瑞香狼毒（*Stellera chamaejasme*）

短毛独活（*Heracleum moellendorffii*）

伞形科

乌拉尔棱子芹（*Pleurospermum uralense*），旧称棱子芹。

乌拉尔棱子芹（*Pleurospermum uralense*）

乌拉尔棱子芹（*Pleurospermum uralense*）

老牛筋（*Arenaria juncea*），也叫灯心草蚤缀。

卷耳（*Cerastium arvense*）

石竹科

瞿麦（*Dianthus superbus*）

石竹科

葶苈（*Draba nemorosa*）

紫花碎米荠（*Cardamine tangutorum*）

紫花碎米荠（*Cardamine tangutorum*）

十字花科

香花芥（*Clausia trichosepala*）

小花唐芥（*Erysimum cheiranthoides*）

糖芥（*Erysimum amurense*）

宽叶独行菜（*Lepidium latifolium*）

硬毛南芥（*Arabis hirsuta*）

硬毛南芥（*Arabis hirsuta*）

垂果南芥（*Arabis pendula*）

垂果南芥（*Arabis pendula*）

百蕊草（*Thesium chinense*）

东北南星（*Arisaema amurense*）

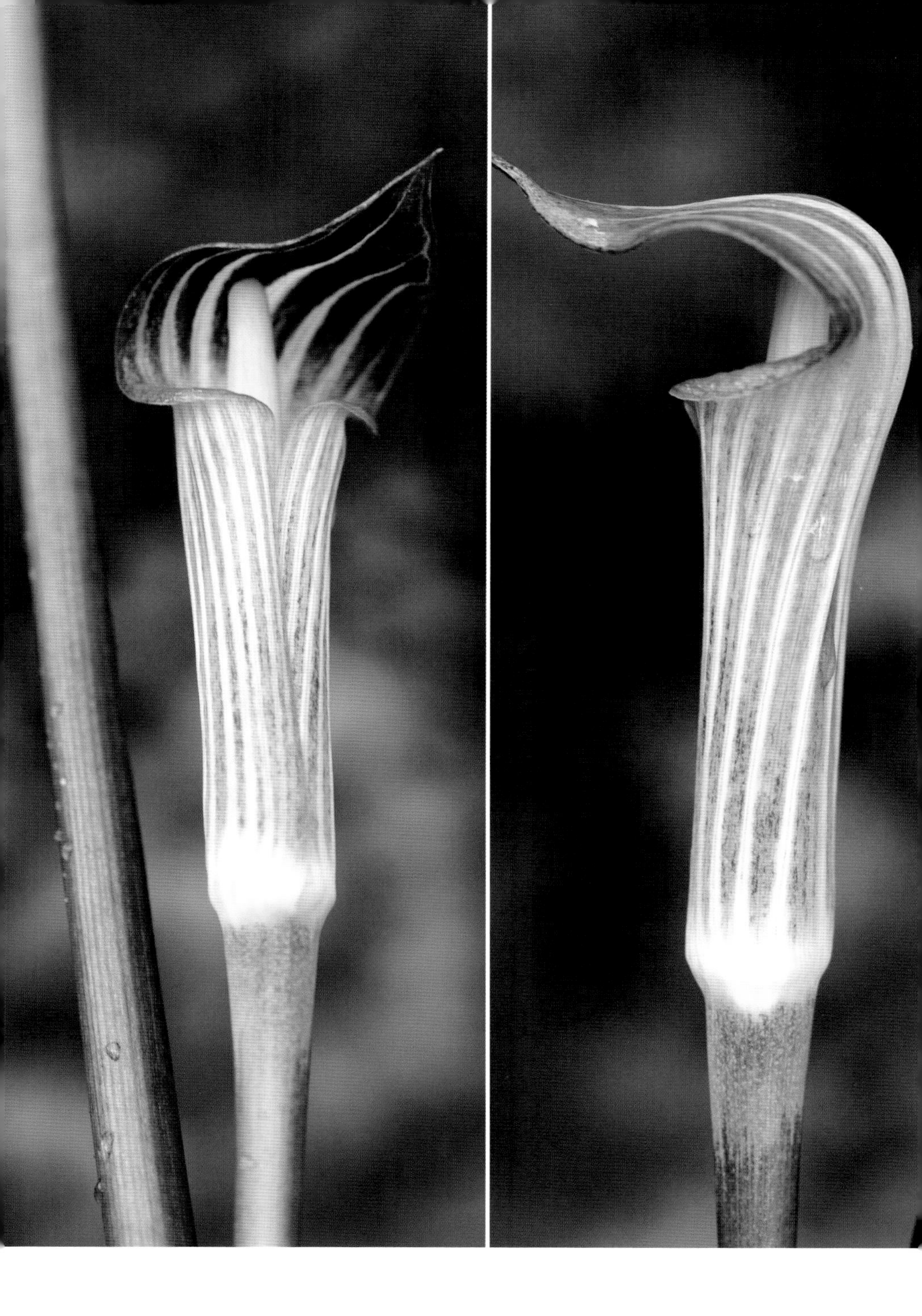

东北南星（*Arisaema amurense*）

天南星科

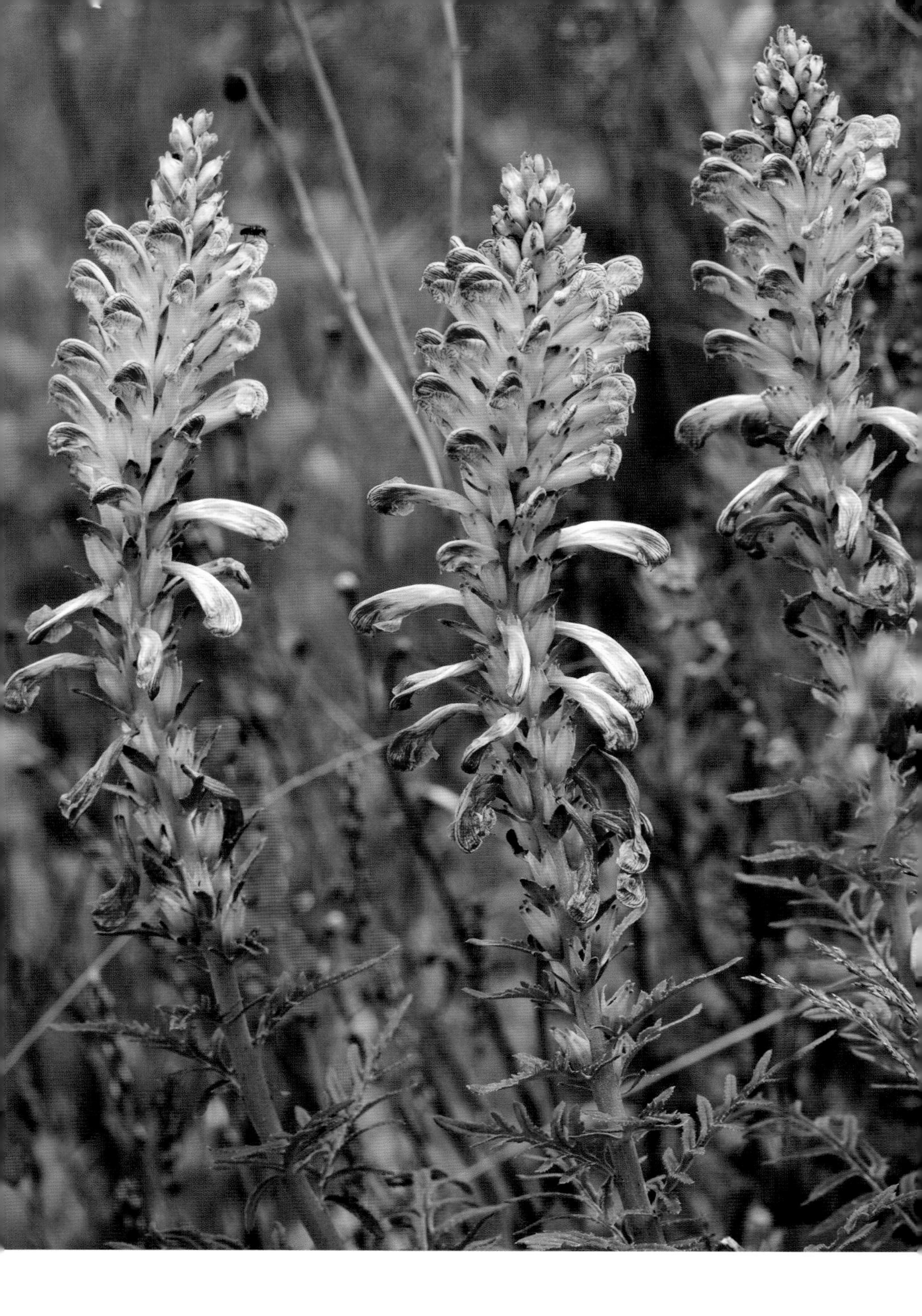

红纹马先蒿（*Pedicularis striata*）

红纹马先蒿（*Pedicularis striata*）

埃氏马先蒿（*Pedicularis artselaeri*）

返顾马先蒿（*Pedicularis resupinata*）

返顾马先蒿（*Pedicularis resupinata*）

穗花马先蒿（*Pedicularis spicata*）

穗花马先蒿（*Pedicularis spicata*）

玄参科

红色马先蒿（*Pedicularis rubens*）

红色马先蒿（*Pedicularis rubens*）

草本威灵仙（*Veronicastrum sibiricum*），也叫轮叶婆婆纳。

草本威灵仙（*Veronicastrum sibiricum*）

草本威灵仙（*Veronicastrum sibiricum*）

柳穿鱼（*Linaria vulgaris* subsp. *sinensis*）

水蔓菁（*Pseudolysimachion linariifolium* subsp. *dilatatum*）

玄参科

野罂粟（*Papaver nudicaule*）

罂粟科

野罂粟（*Papaver nudicaule*）

野罂粟（*Papaver nudicaule*），在崇礼附近高速路G95的路边。

紫苞鸢尾（*Iris ruthenica*）

紫苞鸢尾（*Iris ruthenica*）

囊花鸢尾（*Iris ventricosa*）

紫苞鸢尾（*Iris ruthenica*）

鸢尾科

囊花鸢尾（*Iris ventricosa*）

囊花鸢尾（*Iris ventricosa*）

鸢尾科

勿忘草（*Myosotis silvatica*）

勿忘草（*Myosotis silvatica*）

紫草科

图像崇礼

崇礼区城市小景

西湾子重新修建的天主教堂（左）

崇礼区城里香雪广场（右上）

崇礼区城里有许多舒适的酒店（右下）

崇礼区城里西北角（上）

云顶大酒店（下左）

距离高速路最近的一个丁字路口（下右）

万龙滑雪场（上）

山友快捷宾馆（中）

@便利小窝酒吧（下）

2016 年崇礼区“四季小镇”附近的一个新建项目工地，对河套和山坡动作过大，不利于水土保持和防洪安全。沿 098 乡道东行，由黄土嘴村的“山旮里旯私人野奢滑雪公寓”向东，路北几条山沟中存在垃圾非法倾倒现象，性质恶劣。

为开辟雪道而砍伐森林，令人遗憾。

冬季即景

云顶滑雪场（上）

太舞小镇正在兴建的酒店（下）

崇礼区酒店楼下冬日里的八宝景天（景天科）

冬天的香雪广场（上）

太舞滑雪场雪道（下）

夏秋景色

蚊子草（虎耳草科）

华北落叶松的松针（上）

美蔷薇的果实（下）

风力发电（上）

草原天路（下）

8月初草地上开放的华北乌头（毛茛科）

6A 芍药花道
Peong flowe
60 花苜蓿道
Alfalfa

万龙滑雪场东部山梁上有自行车骑行指示牌。这里有石竹道、铃兰道、花苜蓿道和芍药道。此牌指示了两条道。

后记

崇礼，地名本身就很美。

草木更美，值得去欣赏。

花草上千种，可能多数不认识。不认识，并不妨碍欣赏，但若想细致地了解，不知道名字，就少了一把钥匙。

有人问，非专业人士如何辨识植物？其实是不是植物学家，是不是修过植物学课程，不重要。关键在于，你是不是真想了解？

如果你诚心诚意地说“我愿意”，那么一切就好办了。农民没学过植物学，但他们对身边的庄稼、花草、树木非常熟悉，可能叫不上学名，可辨识清楚是没问题的。

很多人从博物的角度了解植物。博物致知是一类亲知、个人致知、个体间可能非常不同的认知。科学家列出的具有公共性的检索表，只供参考，可能只在有争议时才能用到。A植物区别于B植物不限于检索表列出的少数项目、指标，原则上有无数种细微差别。你可以发挥特长，用自己的方式把植物认出来。靠谱吗？很靠谱。只要认真，就能殊途同归，即与科学家的鉴定完全一致。大家不是靠专业吃饭，也没有发表论文的压力，关心植物完全出于兴趣，愿意花费更多的时间，通过持久的观察，就能了解到更多的细节。物种辨识清楚了，再进一步，生态的监测就有了可靠的基础。了解某一地区生态的细微变化不可能完全靠职业科学家，还要靠“朝阳群众”！

限于篇幅，也为了不吓倒初学者，本书只收录120余种草本植物。有人说太少了，也有人说太多了。可对植物迷来讲，不多。有人羡慕植物迷，希望认清野外的各种植物。那好，请行动起来吧。一开始不要贪多，不要指望一天认出100种，认出10种也行，甚至1种也可以。积累很重要，一种一种加起来，就是很多种。

什么叫认识一种植物？严格讲，要在一年四季都能辨别得出，而不只是在开花时根据检索表辨别。只要细心观察、体验，就能发现更多的差异。每个人根据自己容易掌握的特征（自己敏感的特征），就可以在不同的地区分辨出不同的植物。

看的植物多了，自然就可以把它们分成大类，然后再适当参考植物图鉴、植物志，学一点分类知识，进步就很快了。从1种到100种，是初级阶段，会有一些困难。认到300种时，就有能力发现植物间的许多共性，就能充分理解科、属划分的合理性。当认出1000种时，自己就有相当的判断力了，对陌生植物就可以猜测它所在的科属，能够熟练使用植物志或向专家清晰地描述其特征，甚至有可能自己准确地找到其学名。此过程，兴趣永远是重要的动力。

学名世界通用，非常重要。可能一开始对枯燥的学名不感兴趣，不妨视之为字母符号或数字代号。土名、地方名在实际中更重要，通过它们可以找到植物的学名，但要注意并非可以简单对应。有一定基础后，与他人讨论植物，最好附上学名，这样更便于交流。

为什么要编这样一部简明的植物图册呢？很简单：来崇礼的人想了解路边美丽的花草，却不知道它们的名字。让朋友们带上《中国植物志》《河北植物志》《内蒙古植物志》——至少对非专业人士而言，不实际。

我每年都来崇礼游玩，积累了许多照片，本书就是在此基础上完成的。

这本书没有讲植物的鉴定特征，只给出了中文名、拉丁学名和所在的科名。这些信息显然不够充分，但在网络时代，有了关键词，其他也就不是个事儿了。

刘华杰

2016年7月8日

补注：

2016年8月8日为核实一场大雨过后工地的状况，我再次来到崇礼，顺便在几个山沟和山梁上拍摄植物。意外拍摄到了毛茛科冀北翠雀花（据中国植物志），也叫西湾翠雀花（据北京植物志）。法国遣使会大卫神父1862年来华，先在北京附近采标本，后来北上到了宣化、崇礼（那时叫西湾子）。他采集到这种植物的标本，寄给法国巴黎国立自然博物馆的植物学家弗朗歇（Adrien René Franchet，1834–1900）。后者于1893年发表新种，将它命名为*Delphinium siwanense*，种加词的意思就是西湾子，即现在的崇礼。这种翠雀非常特别，叶、花序和花均有独特之处。它是崇礼的象征，完全可以称作崇礼翠雀。现在此植物的模式标本保存在法国。

刘华杰

2016年8月9日

植物名索引

Achillea alpine, 131
Aconitum barbatum var. *puberulum*, 173–174
Aconitum sinomontanum, 169–172
Adenophora polyantha, 101
Ajuga lupulina, 57–58
Allium senescens, 27–28
Androsace septentrionalis, 51–52
Anemone narcissiflora subsp. *crinita*, 177–180
Anemone rivularis var. *flore-minore*, 175–176
Aquilegia viridiflora var. *atropurpurea*, 190
Aquilegia yabeana, 188–189
Arabis hirsuta, 217–218
Arabis pendula, 219–220
Arctium lappa, 128–130
Arenaria juncea, 205
Arisaema amurense, 222–223
Aster alpinus, 105–106
Aster tataricus, 102–104
Astragalus capillipes, 88
Astragalus penduliflorus subsp. *mongholicus* var. *dahuricus*, 89–90
Campanula puncatata, 98–100
Cardamine tangutorum, 210–211
Cerastium arvense, 206–207
Chamerion angustifolium, 160–161
Chrysanthemum chanetii, 115–116
Chrysosplenium serreanum, 94–96
Clausia trichosepala, 212–213
Clematis macropetala, 181–182
Cortusa matthioli subsp. *pekinensis*, 49–50
Delphinium grandiflorum, 194
Delphinium siwanense ，插页，269
Dianthus superbus, 208
Draba nemorosa, 209
Dracocephalum rupestre, 55–56
Echinops sphaerocephalus, 107–108
Erysimum amurense, 215
Erysimum cheiranthoides, 214
Fragaria vesca, 197
Gentiana dahurica, 164
Gentiana macrophylla, 163
Geranium pratense, 166–167
Geranium sibiricum, 165
Geum aleppicum, 196
Halenia corniculata, 162
Hedysarum alpinum, 86–87
Hemerocallis lilioasphodelus, 24–25
Heracleum moellendorffii, 200–201
Iris ruthenica, 242–243
Iris ventricosa, 244–247
Klasea centauroides, 139–142
Leontopodium longifolium, 132–133
Lepidium latifolium, 216
Ligularia intermedia, 120–123
Ligularia mongolica, 117–119
Lilium concolor var. *pulchellum*, 21
Lilium pumilum, 20
Limonium bicolor, 17–19
Linaria vulgaris subsp. *sinensis*, 237
Lloydia serotina, 22–23
Mulgedium tataricum, 134–136
Myosotis silvatica, 248–249
Nepeta prattii, 59–61
Nepeta tenuifolia, 62–63

Olgaea lomonosowii, 144–145
Orostachys fimbriatus, 155
Orostachys malacophylla, 153–154
Oxytropis coerulea, 73–75
Oxytropis latibracteata, 78–80
Oxytropis myriophylla, 76–77
Oxytropis trichophora, 71–72
Papaver nudicaule, 239–241
Parasenecio hastatus, 124–126
Paris verticillata, 26
Patrinia rupestris, 35–38
Patrinia scabiosaefolia, 39–41
Pedicularis artselaeri, 226
Pedicularis resupinata, 227–228
Pedicularis rubens, 232–233
Pedicularis spicata, 229–231
Pedicularis striata, 224–225
Phedimus aizoon, 150
Picris hieracioides, 146
Pleurospermum uralense, 202–204
Polemonium coeruleum, 91–93
Polygonum bistorta, 156
Primula fistulosa, 42–44
Primula maximowiczii, 43, 45–48
Pseudolysimachion linariifolium subsp. *dilatatum*, 238
Pulsatilla turczaninovii, 191
Ranunculus japonicus, 168
Rheum rhabarbarum, 159
Rhodiola dumulosa, 151
Rhodiola rosea, 152
Ribes burejense, 97
Rumex acetosa, 157–158
Sanguisorba officinalis, 195
Saussurea purpurascens, 112–114
Scabiosa tschiliensis, 53–54
Scutellaria baicalensis, 70
Scutellaria scordifolia, 68–69
Stellera chamaejasme, 198–199
Stemmacantha uniflora, 109–111
Syneilesis aconitifolia, 143
Synurus deltoids, 137–138
Tephroseris kirilowii, 127
Thalictrum aquilegifolium var. *sibiricum*, 183–186
Thalictrum petaloideum, 187
Thermopsis alpine, 85
Thesium chinense, 221
Thymus mongolicus, 64–67
Trifolium lupinaster, 81
Trollius chinensis, 192–193
Valeriana officinalis, 29–34
Veronicastrum sibiricum, 234–236
Vicia cracca, 84
Vicia japonica, 83
Vicia unijuga, 82
Viola acuminata, 147
Viola biflora, 149
Viola dissecta, 148

埃氏马先蒿，226
八宝景天，258
白苞筋骨草，57–58
白花丹科，17–19
白桦，7–8
百合科，20–28
百里香，64–67
百蕊草，221
败酱，39–41
败酱科，29–41
瓣蕊唐松草，187
报春花科，42–52
北点地梅，51–52
北黄花菜，24–25

北重楼，26
并头黄芩，68–69
波叶大黄，159
草本威灵仙，4，234–236
草地老鹳草，166–167
草珠黄耆，88
长瓣铁线莲，181–182
长毛银莲花，177–180
长叶火绒草，132–133
川续断科，53–54
垂果南芥，219–220
唇形科，55–70
刺果茶藨子，97
翠菊，1
翠雀，194
达乌里秦艽，164
地榆，195
东北南星，222–223
东方野豌豆，83
豆科，71–90
短毛独活，200–201
钝叶瓦松，153–154
多叶棘豆，76–77
二色补血草，17–19
返顾马先蒿，227–228
费菜，150
高山蓍，131
高山野决明，85
高山紫菀，105–106
高乌头，169–172
狗舌草，127
广布野豌豆，84
河北假报春，49–50
红景天，152
红色马先蒿，232–233
红纹马先蒿，224–225
虎耳草科，94–97，260
花锚，162
花楸，5
花荵，91–93
花荵科，91–93
华北蓝盆花，53–54
华北耧斗菜，188–189
华北落叶松，261
华北乌头，263
黄芩，70
鸡腿堇菜，147
冀北翠雀花，插页，269
箭报春，42–44
金莲花，192–193
堇菜科，147–149
景天科，150–155，258
桔梗科，98–101
菊科，102–146
卷耳，206–207
康藏荆芥，59–61
宽苞棘豆，78–80
宽叶独行菜，216
蓝刺头，107–108
蓝花棘豆，73–75
老牛筋，205
棱子芹，202
蓼科，156–159
裂叶堇菜，148
裂叶荆芥，62–63
柳穿鱼，237
柳兰，160–161
柳叶菜科，160–161
龙胆科，162–164
漏芦，109–111
路边青，196
轮叶婆婆纳，234
麻花头，139–142
牻牛儿苗科，165–167

毛茛，168
毛茛科，168–194，263
毛建草，55–56
毛连菜，146
毛序棘豆，71–72
美蔷薇，261
蒙古黄耆，89–90
囊花鸢尾，244–247
牛蒡，128–130
牛扁，173–174
祁州漏芦，109
蔷薇科，195–197
秦艽，163
瞿麦，208
全缘橐吾，117–119
拳参，156
乳苣，134–136
瑞香科，198–199
瑞香狼毒，198–199
伞形科，200–204
山丹，20
山尖子，124–126
山韭，27–28
山牛蒡，137–138
山岩黄耆，86–87
山杨，6
十字花科，209–220
石沙参，101
石竹科，205–208
鼠掌老鹳草，165
双花堇菜，149
水蔓菁，238
酸模，157–158
穗花马先蒿，229–231
檀香科，221
糖芥，215
唐松草，183–186
天南星科，222–223
葶苈，209
兔儿伞，143
洼瓣花，22–23
瓦松，155
歪头菜，82
蝟菊，144–145
蚊子草，260
乌拉尔棱子芹，202–204
五台金腰，94–96
勿忘草，249–249
细叶白头翁，191
狭苞橐吾，120–123
香花芥，212–213
小丛红景天，151
小红菊，115–116
小花草玉梅，175–176
小花唐芥，214
缬草，29–34，
玄参科，224–238
胭脂花，43，45–48
岩败酱，35–38
岩青兰，1
野草莓，197
野火球，81
野罂粟，239–241
罂粟科，239–241
硬毛南芥，217–218
有斑百合，21
鸢尾科，242–247
紫斑风铃草，98–100
紫苞风毛菊，112–114
紫苞鸢尾，242–243
紫草科，248–249
紫花耧斗菜，190
紫花碎米荠，210–211
紫菀，102–104